FORSCHUNGSBERICHTE DES LANDES NORDRHEIN-WESTFALEN

Nr. 3133 / Fachgruppe Elektrotechnik/Optik

Herausgegeben vom Minister für Wissenschaft und Forschung

Prof. Dr. rer. nat. Bernd Höfflinger
Dr. rer. nat. Günter Zimmer
Dipl.-Phys. Heinz Gerd Graf
Lehrstuhl für Elemente der Elektrotechnik
Universität Dortmund

Einfluß von Getterprozessen
auf die Eigenschaften von
ionenimplantierten
integrierten Fotodioden

Westdeutscher Verlag 1982

CIP-Kurztitelaufnahme der Deutschen Bibliothek

Höfflinger, Bernd:
Einfluss von Getterprozessen auf die Eigenschaften von ionenimplantierten, integrierten Fotodioden / Bernd Höfflinger ; Günter Zimmer ; Heinz Gerd Graf. - Opladen : Westdeutscher Verlag, 1982.

(Forschungsberichte des Landes Nordrhein-Westfalen ; Nr. 3133 : Fachgruppe Elektrotechnik, Optik)

NE: Zimmer, Günter:; Graf, Heinz Gerd:; Nordrhein-Westfalen: Forschungsberichte des Landes ...

© 1982 by Westdeutscher Verlag GmbH, Opladen
Herstellung: Westdeutscher Verlag

Lengericher Handelsdruckerei, 4540 Lengerich
ISBN 978-3-531-03133-0   ISBN 978-3-322-87706-2 (eBook)
DOI 10.1007/978-3-322-87706-2

Inhalt

1.	Kurzfassung	3
2.	Ausgangszielsetzung	3
3.	Beschreibung der Teststrukturen	5
3.1	Layout	5
3.2	Technologie	6
3.2.1	p-Kanal Prozeß	7
3.2.2	n-Kanal Prozeß	7
3.2.3	CMOS-Prozeß	8
4.	Angewandte Meßverfahren	9
4.1	Methoden zur Bestimmung der Minoritätsträgerlebensdauer	9
4.2	Messung der Sperrströme	10
4.3	Messung der spektralen Empfindlichkeit	10
5.	Einfluß der Optimierungsmöglichkeiten	12
5.1.	Dicke des als Antireflexionsschicht benutzten Oxids	12
5.2.	Vergleich verschiedener implantierter Profile	14
5.3	Einfluß von Gettertechniken	17
5.4	Layouteinfluß	20
6.	Vergleich der Fotodioden in p-Kanal, n-Kanal und CMOS-Technologie	21
6.1	Spektrale Empfindlichkeit	21
6.2	Sperrströme	22
6.3	Schaltzeiten	23
7.	Literaturverzeichnis	24
8.	Bildanhang	26

1. Kurzfassung

MOS-Technologien mit Ionenimplantation zur Einstellung der Schwellenspannungen der Enhancement- und Depletion-Transistoren gestatten die prozeßkompatible Herstellung von Fotodioden unter Ausnutzung der bei der Depletion-Implantation der Transistoren entstehenden pn-Übergänge mit Tiefen von $0,1 - 0,3 \mu m$. Durch die Verwendung von dünnen Oxiden, gleichzeitig Gateoxid der Transistoren, mit optimierter Schichtdicke als Antireflexionsschicht und durch die Anwendung von Getterschritten zur Erhöhung der Minoritätsträgerdiffusionslänge ergeben sich Fotodioden mit hoher Empfindlichkeit für sichtbares und ultraviolettes Licht. Durch das Fotodiodenlayout mit Guard--Ring, Feldimplantation bei n-Kanal- und CMOS-Prozeß und einer den Guard-Ring überlappenden Metallisierung konnten geringe Sperrströme und Sperrspannungen bis zu 130 V erreicht werden.

2. Ausgangszielsetzung

Das Ziel des Forschungsvorhabens war die mit integrierten Analog- und Digital-MOS-Schaltungen prozeßkompatible Herstellung von optimierten, ionenimplantierten Fotodioden, die zu Meßzwecken im Bereich des sichtbaren- und ultravioletten Lichts (Wellenlängenbereich ca. 200-800 nm) geeignet sind und die Untersuchung des Einflusses der Trägerlebensdauer bei verschiedenen Getterschichten. Die Dioden sollten dabei eine hohe Empfindlichkeit im angegebenen Spektralbereich bei geringen Sperrströmen aufweisen, um ein größes Signal-Rausch--Verhältnis zu erreichen.

Da zum Fotostrom nur die Ladungsträger beitragen, die in der
Raumladungszone des pn-Übergangs erzeugt werden oder durch
Diffusion in die Raumladungszone gelangen, werden wegen der
starken Absorption des Siliziums für UV-Licht flache pn-Übergänge zum Erreichen einer ausreichenden Empfindlichkeit
benötigt. Gleichzeitig muß auch die in tieferen Schichten durch
rotes Licht generierten Ladungsträger durch eine große Diffusionslänge des Substratmaterials erfaßt werden.

Die Zielsetzung verlangte daher durch eine geeignete Technologie flache pn-Übergänge mit hohen eingebauten Feldstärken zu
erzeugen und die Rekombinationslebensdauern der Minoritätsträger im Substratmaterial zu erhöhen.

Die Möglichkeiten zur Optimierung der Fotodiodeneigenschaften
waren dabei durch die Herstellprozesse der MOS-Schaltungen
eingeschränkt auf:

- Verwendung von zusätzlichen Prozeßschritten, die keine oder
  nur bereits vorhandene Masken erfordern. Dies sind etwa
  Getterschritte durch Diffusion oder Implantation auf der
  Rückseite oder Frontseite der Schaltung, die ganzflächig
  oder zusammen mit anderen Implantationen durchgeführt
  werden.

- Variation von Dicke und Qualität des Gateoxids im Bereich
  von 300Å bis 1200Å

- Variation der Implantationsparameter Energie und Dosis
  unter Beachtung der Schwellenspannung der Transistoren

- Variation der Temper- und Annealing-Bedingungen

- Fotodiodenlayout

3. Beschreibung der Teststrukturen

Bei der Realisierung der MOS-prozeßkompatiblen Fotodioden,
deren Querschnitt in Abb. 1 dargestellt ist, wurde sowohl bei
der n-Kanal- als auch bei der p-Kanal-Technologie die bei der
Implantation der Depletion-Transistoren entstehenden flachen
pn-Übergänge mit Tiefen von 0,1μm-0,3μm als aktive Zonen
benutzt. Eine vor der Implantation aufgewachsene, die aktive
Zone abdeckende SiO_2-Schicht, gleichzeitig Gateoxid der Transistoren, dient als Antireflexionsschicht und passiviert die
Oberflächenzustände. Die aktive Zone wird von einer Diffusion
mit einer Tiefe von 1μm-2,5μm, ausgeführt mit den Drain- und
Source-Diffusionen der Transistoren, als Guard-Ring umgeben.
Bei der n-Kanal- und der n-Wannen-CMOS-Technologie ist noch
eine Feldimplantation erforderlich, um die durch die Oxidladungen des Dickoxids an der Substratoberfläche entstehenden
leitenden Inversionsschichten zu vermeiden. Ein Gitter von
diffundierten Kontakten reduziert den Serienwiderstand der
implantierten Schicht und ermöglicht kurze Schaltzeiten.

3.1 Layout

Für die untersuchten Fotodioden wurden zwei unterschiedliche
Maskensätze verwendet. Mit dem ersten Maskensatz (Foto einer
realisierten Diode siehe Abb. 2) wurden quadratische Fotodioden
mit einer lichtempfindlichen Fläche von 2,71 mm^2 und einer
Gesamtfläche des pn-Übergangs von 3,16 mm^2 in p-Kanal Technologie hergestellt.

Der zweite Maskensatz wurde für die n-Kanal- und CMOS-Technologie kompatiblen Fotodioden (Foto siehe Abb. 3) verwendet.

Die Diodenfläche dieses Maskensatzes ist 1,72 mm^2 bei einer lichtempfindlichen Fläche von 1,52 mm^2.

Beim zweiten Maskensatz wurde zur Vermeidung von hohen lokalen Feldstärken am Rand der Fotodiode eine durch zweidimensionale Modellierung (Abb. 5) mit dem Programm MODEL optimierte Randstruktur (Abb. 4) benutzt. Bei dieser Optimierung wurden das Substrat überlappende Aluminumkontakte, ähnlich den Field-Plates von Hochspannungstransistoren, mit unterschiedlichen Breiten und die Gestaltungsmöglichkeiten des Randes aus Gateoxid und Dickoxid bei einer Spannung von 20V untersucht. Dabei ergab sich, daß eine das Dickoxid vom Rand des pn-Übergangs aus um 15 µm überlappende Aluminiumschicht die Feldstärkenmaxima optimal vermeidet.

Um den Einfluß der geänderten Randstruktur auf das Durchbruchverhalten der Dioden ermitteln zu können, sind im zweiten Maskensatz kleine Testdioden (Struktur a,b,c,d, in Abb.3) mit unterschiedlicher Geometrie und der alten und der neuen Randstruktur vorgesehen. Diese Testdioden sind diffundierte Dioden mit ca. 1% der Fotodiodenfläche. Die Geometrie wurde so gewählt, daß die rechteckigen Testdioden den doppelten Umfang der quadratischen Testdioden haben. Bei der quadratischen Testdiode mit überlappender Aluminiumschicht (Struktur d. in Abb. 3) ist der Rand kontaktierbar.

3.2 Technologie

Als Grundlage für die Herstellung der Fotodioden wurden bis auf die bei den Testreihen beschriebenen Abänderungen die am Lehrstuhl üblichen Standardprozesse /1-4/ verwendet.

3.2.1 p-Kanal Prozeß

Für die p-Kanal-Technologie dienen 350 µm dicke, 4 Ωcm, <100> n-Substrate als Ausgangsmaterial. Auf diese Substrate wurde ein Maskieroxid (1024°C, 70´O_2 feucht + 15´O_2 trocken + 15´N_2 trocken) aufgewachsen und nach dem Freiätzen der zu dotierenden Bereiche unter den Kontakten eine Borbelegung (BN-Quelle, 1060°C, 30´) durchgeführt. Darauf folgte das Aufwachsen des Dickoxids (H_2-Verbrennung, 960°C, 170´) mit einer Dicke von 0,9 µm. Nach dem Freiätzen der Gatebereiche wurde das Gateoxid von 700Å gebildet (960°C, 55´H_2/O_2+5´O_2+15´N_2). Danach erfolgte unter Fotolackmaskierung die Implantation der lichtempfindlichen Bereiche (B^+, 1•$10^{13}cm^{-2}$, 20 keV) durch das Gateoxid hindurch. Es schlossen sich an ein Annealing (960°C, N_2, 15´), eine Temperung (500°C, H_2, 15´) und die Aluminiumbedampfung gefolgt von einer weiteren Temperung (500°C, H_2, 15´). Ein Schutzoxid wurde nicht aufgetragen, um die Wirkung der Antireflexionsschicht nicht zu beeinträchtigen.

3.2.2 n-Kanal Prozeß

Basismaterial für den n-Kanal Prozeß waren 350 µm dicke <100> p-Substrate mit einer Leitfähigkeit von 20 Ωcm. Nach dem Aufwachsen eines Maskieroxids (1024°C, 70´O_2 feucht +15´O_2 trocken +15´N_2 trocken) und dem Freiätzen der Kontaktbereiche und Rückseite wurde eine Phosphorbelegung ($POCl_3$-Quelle, 960°C, 20´) durchgeführt. Anschließend wurde das Dickoxid aufgewachsen (960°C, 225´H_2/O_2+10´N_2tr.) und nach einer Fototechnik die Feldimplantation (B^+, 0,9-1,3•$10^{12}cm^{-2}$, 350 keV) durchgeführt. Danach folgte ein Annealing (960°C, N_2, 15´) und nach dem Freiätzen der Gate- und Kontaktbereiche die Herstellung des Gateoxids (960°C, 55´H_2/O_2+15´N_2). Unter Maskierung durch Fotolack erfolgte nun die Implantation (B^+, 6,5-7,5•$10^{12}cm^2$, 100 keV) der lichtempfindlichen Bereiche. Es folgten ein zweistufiges Annealing (960°C, N_2, 15´ und 500°C,

H_2, 15′), das Aufdampfen der Al-Kontakte und eine abschließende Temperung (500°C, H^2, 15′).

3.2.3 CMOS-Prozeß

Der verwendete CMOS-Prozeß ist ein n-Kanal-CMOS-Metall-Gate--Prozeß mit n-Wannen für die p-Kanal Transistoren und zwei Ionenimplantationen zur Einstellung der Schwellenspannungen der Enhancement- und Depletion-Transistoren und gleichzeitig der Feldschwellenspannungen.
Das Ausgangsmaterial für diesen Prozeß sind wie beim n-Kanal Prozeß 20Ωcm,<100>,p-Substrate. Auf diese Substrate wurde ein Wannenoxid (1024°C, 15′N_2 trocken +10′O_2 feucht + 15′N_2 trocken) aufgetragen und nach Fototechnik und Ätzen durch eine Phosphor- implantation mit Fotolackmaskierung (P^+, $5,5 \cdot 10^{12}$, 150 keV) gefolgt von einer zweiten Oxidation (1024°C, +30′N_2 trocken+ 15′O_2 feucht) und einer Nachdiffusion (1200°, N_2, 20h) die n-Wannen gebildet. Nach dem Aufwachsen eines Maskieroxids (1024°C, 70′O_2 feucht + 15′O_2 trocken + 15′N_2 trocken) und dem Freiätzen nach Fototechnik folgte die Dotierung der p^+-Gebiete durch Ionenimplantation (B^+, $2 \cdot 10^{15} cm^{-2}$, 30 keV) durch ein vorher aufgetragenes dünnes Oxid (960°C, 25′H_2/O_2+ 5′O^2 trocken +15′N_2) hindurch, gefolgt von einer Nachdiffusion (1024°C, N_2, 80′). Die n^+-Gebiete wurden nach dem Aufwachsen eines weiteren Maskieroxids (1024°C, 70′O_2 feucht +15′O_2 trocken +15′N_2 trocken) und dem Freiätzen der durch Fototechnik bestimmten Gebiete sowie der Rückseite durch Phosphorbelegung ($POCl_3$-Quelle, 960°C,20′) des Oxids (960°C, 120′H_2/O_2 + 10′N_2) wurde Fotolackmaskierung die Feldimplantation (B^+, $1,6-2,1 \cdot 10^{12} cm^{-2}$, 350 keV) mit dem anschließenden Annealing (960°C, N_2, 15′) ausgeführt. Nach einer weiteren Fototechnik erfolgte die Bildung des Gateoxids (960°C, 55′H_2/O_2 +5′O_2+15′N_2) und die Implantation der Depletion-Transistoren, durch die die lichtempfindliche Fläche der Fotodioden gebildet wurde. Annealing, Temperung und Al-Bedampfung folgten wie beim n-Kanal Prozeß beschrieben.

4. Angewandte Meßverfahren

4.1 Methoden zur Bestimmung der Minoritätsträgerlebensdauer

Als Maß für die Wirksamkeit der verwendeten Getterprozesse wurde die Generationslebensdauer der Minoritätsladungsträger des Substratmaterials mit der Zerbst-Methode /5/ aus dem $C_{HF}(t)$ Verhalten von MOS-Kondensatoren über undotiertem Substratmaterial bestimmt. Die Messung erfolgte auf einem abgeschirmten Spitzenmeßplatz unter Verwendung eines rechnergesteuerten Meßsystems, dessen Blockschaltbild in Abb. 6 wiedergegeben ist.

Vergleiche der gewonnenen Meßergebnisse mit Auswertungen der C(t)-Kurve nach Heiman /6/ sowie Fahrner und Schneider /7/ führen zu unterschiedlichen Ergebnissen, wobei sowohl die Methode nach Fahrner und Schneider als auch die Methode nach Heiman niedrigere Werte für die Generationslebensdauer ergaben als die Messungen nach Zerbst.

Zur Kontrolle der Größenordnung der bei der Messung der spektralen Empfindlichkeit der Fotodioden ermittelten Diffusionslängen wurde an Einzelobjekten eine Messung der Rekombinationslebensdauer durch Charge-Pumping nach Soutschek, Müller und Dorda /8/ durchgeführt. Meßobjekt waren hierbei MOS-Transistoren aus der Technologiekontrollstruktur, die jedoch ein für die Messung ungünstiges Verhältnis von Kanalweite zu Kanallänge von 5,6 aufweisen. Die Messungen wurden auf dem Spitzenmeßplatz vorgenommen. Der verwendete Aufbau ist in Abb. 7 dargestellt.

4.2 Messung der Sperrströme

Die Messung der in den Statistiken angegebenen Sperrströme der Fotodioden und der Sperrströme der Testdioden wurde auf dem Substrat mittels eines abgeschirmten Spitzenmeßplatzes und speziell isolierter Spitzen bei Raumtemperatur durchgeführt. Zum Messen der Ströme diente ein digitales Keithley 480 Picoampermeter. Die Meßspannungen wurden über eine Knick S 160 Präzisionsspannungsquelle angelegt. Die Sperrstromkennlinien der Fotodioden wurden an gekapselten Dioden bei einer Temperatur von 25°C ermittelt. Zur Strommessung diente hierbei ein als I/U-Wandler geschaltetes Keithley 602 Elektrometer.

4.3 Messung der spektralen Empfindlichkeit

Zur Messung der spektralen Empfindlichkeit wurde ein Meßplatz (Abb. 8) benutzt, der den indirekten Vergleich mit einer Fotodiode bekannter Empfindlichkeit ermöglichte. Zu diesem Vergleich diente ein auf 25°C temperierter Meßkopf, in dem die auf T05-Gehäusen ohne Deckel montierten Prüfobjekte in eine reproduzierbare Position in der Mitte eines Ringes von Fotodioden, deren Fotostrom als Vergleichsmaß benutzt wurde, gebracht werden konnten. Durch Austausch des Meßobjektes gegen die Diode bekannter Empfindlichkeit mit T05-Gehäuse konnte die Empfindlichkeit des Diodenringes im Bezug auf die Meßfläche bestimmt werden.

Als monochromatische Lichtquelle diente eine Kombination aus einem AMKO-Metrospec f/4, 200 mm Gittermonochromator mit einem Gitter von 1200 L/mm und einer Blazewellenlänge von 300 nm und einer 150 W-Xe-Hochdrucklampe in einem PRA-ALH 210 Lampengehäuse. Der Austrittsspalt des Monochromators wurde durch ein Monochromatorteleskop vergrößert auf die Meßfläche des Meßkopfes abgebildet. Zwischengeschaltete Glasfilter dienten

der Reduzierung des Monochromatorstreulichts und der Abblockung
von höheren Harmonischen der gewünschten Wellenlänge. Alle
Messungen wurden bei einer durch die Spalte des Monochromators
bestimmten Bandbreite des Durchlaßbereichs von 5 nm
durchgeführt.

Die Messung der Fotoströme erfolgte im Fotoelementbetrieb ohne
Vorspannung mit einem Keithley 602 Elektrometer und einem
Keithley 480 Picoampermeter. Die Fotoströme lagen dabei je
nach Wellenlänge im Bereich von 100 pA bis 100 nA. Die
Genauigkeit der Messungen kann für den Bereich des sichtbaren
Lichts unter Berücksichtigung eines Reproduzierbarkeitsfehlers
von 5%, eines Gesamtfehlers der Strommessungen von 8% und eines
Absolutwertfehlers des Vergleichsnormals von ca. 10% auf ±20%
des Meßwerts abgeschätzt werden.

Die gewonnenen Ergebnisse für die Empfindlichkeit der Dioden
wurden unter Verwendung einfacher zwei-Parameter-Modelle, die
nur die mit dem Schichtdickenmeßgerät gemessene Oxiddicke und
die Dicke einer Schicht vollständigen Quantennachweises nach
der Formel

$$Q = (1-R_\lambda) \cdot (1-\exp^{k_\lambda x})$$

mit Q = Quantenausbeute
R_λ = Reflexionsverlust
k_λ = Absorptionskoeffizient
x = Schichtdicke

oder die Diffusionslänge im Substrat (nach /9/ bei fester
Raumladungszonenweite von 1,2µm nach der Formel

$$Q = (1-R_\lambda)((1-e^{-k_\lambda x_{RLZ}}) + (e^{k_\lambda x_{RLZ}})(k_\lambda L)/(1+k_\lambda L))$$

mit L = Diffusionslänge
x_{RLZ} = Raumladungszonenweite

als Parameter benutzt, verglichen und aus diesen Anpassungen wurde die Diffusionslänge bestimmt.

5. Einfluß der Optimierungsmöglichkeiten

5.1 Dicke des als Antireflexionsschicht benutzten Oxids

Der Einfluß des die lichtempfindliche Fläche der Fotodiode, also den Bereich des flachen pn-Übergangs, abdeckenden Oxids ist begründet durch dessen Wirkung als Antireflexionsschicht und durch die durch Vermeidung der durch hohe Oberflächenrekombinationsraten unempfindlichen Oberflächenschicht mittels Passivierung der Oberflächenzustände.

Wegen des hohen Brechungsindex von $n_{Si} \cong 3,5$ ist der durch Reflexion an der reinen Si-Oberfläche verlorene Anteil (Abb. 9) von ca. 30% der einfallenden Strahlung recht hoch. Bei der blauen- und der ultravioletten Strahlung im Wellenlängenbereich von 300-500 nm steigt der reflektierte Anteil wegen der Maxima des Brechungsindex bei 364 nm und des Extinktionskoeffizienten bei 281 nm noch weiter an und erreicht Werte von ca. 75%. In diesem Bereich wird daher die Empfindlichkeit der Fotodioden weitgehend durch die Reflexion an der Oberfläche und deren Vermeidung durch Antireflexionsschichten bestimmt. Die Vorgabe der Prozeßkompatibilität schränkt dabei die Möglichkeiten zu deren Bildung auf die im Prozeß verwendeten SiO_2-Schichtdicken ein.

Es wurden daher ein Rechnerprogramm, basierend auf den Werten
für Extinktionskoeffizient und Brechungsindex von Si und SiO_2
/10/ zur Berechnung der Reflexion einer mit einer einlagigen
SiO_2-Schicht variabler Dicke bedeckten Oberfläche nach der
Smith-Methode /11/ benutzt. Die erhaltenen Ergebnisse für den
im Silizium absorbierten Strahlungsanteil wurden mit den
ermittelten Werten für die Quantenausbeute der hergestellten
Fotodioden verglichen. Zur Berechnung wurden dabei die mit dem
Schichtdickenmeßgerät Dek-tak ermittelten Werte für die Dicke
des Gateoxids herangezogen. In Abb. 10 ist die gute Übereinstimmung der gemessenen Quantenausbeuten mit den berechneten
Kurven für die verschiedenen gemessenen Oxiddicken im Bereich
von 600-1100 Å dargestellt.

Die Abb. 11 zeigt den berechneten Einfluß von Oxiddickenstreuungen von ±50Å auf eine Fotodiode mit einer SiO_2-Schicht
von 700Å, also der Gateoxiddicke des Standardprozesses.

Die günstigste Oxiddicke für eine auf das Maximum der Augenempfindlichkeit bei einer Wellenlänge von $\lambda=550$ nm optimierte
Antireflexionsschicht ist 900Å. Eine Oxiddicke von 600Å ergibt
eine Optimierung auf hohe Empfindlichkeit im UV-A und UV-B
Bereich mit Wellenlängen von 280-400 nm. Die Standard--Oxiddicke von 700Å ist zwischen diesen Bedingungen ein guter
Kompromiß mit einem Empfindlichkeitsverlust gegenüber den
optimierten AR-Schichten von 5% bei $\lambda=550$ nm und von 10% im
UV-B und UV-C Bereich.

Da die Lage der Reflexionsminima näherungsweise durch

$$N \bullet n \bullet d = \lambda/4$$

mit $N = 1,3,5....$
n = Berechnungsindex der SiO_2-Schicht
d = Dicke der SiO_2-Schicht

bestimmt sind, führen dickere Oxide wie etwa das Dickoxid oder das Schutzoxid zu starken Oszillationen in der Absorption als Funktion der Wellenlänge und somit in der spektralen Empfindlichkeit der Dioden. Solche dicken Oxide sind, mindestens bei gleichmäßiger Oxiddicke, nicht verwendbar. Daher sollte im Bereich der Fotodioden auf ein Schutzoxid verzichtet oder als solches ein extrem dünnes Plasmanitrid verwendet werden.

5.2 Vergleich verschiedener implantierter Profile

Durch die implantierten Dotierungsprofile werden die Tiefen der pn-Übergänge, die Weiten der Raumladungszonen und die eingebauten elektrischen Felder der Fotodioden bestimmt. Diese Kenngrößen sollten sich auf die spektrale Empfindlichkeit auswirken. Daher wurden bei p-Kanal-kompatiblen Dioden unterschied- liche mögliche Profilverläufe implantiert und deren Auswirkung auf die Empfindlichkeit bestimmt. Die durch Prozeßsimulation ermittelten Dotierungsverläufe der implantierten Profilformen sind in Abb. 13 angegeben. Die ausgeführten Profile sind:

Profil 1:
Borimplantation mit Profilmaximum in der abdeckenden Oxidschicht. Die Implantation erfolgte mit 28 keV und einer Dosis von $4 \bullet 10^{11} cm^{-2}$ durch das Oxid von 1025Å

hindurch in ein <111> Substrat mit einem Schichtwiderstand von 8Ωcm.

Profil 2:

Borimplantation mit Profilmaximum in der abdeckenden Oxidschicht mit den Daten von Profil 1 überlagert von einer tiefen Phosphor-Gegenimplantation ausgeführt mit 150 keV und einer Dosis von $1 \cdot 10^{12} cm^2$. Diese Implantation führt gegenüber Profil 1 zu einer geringeren Tiefe des pn-Übergangs von 0,7 µm gegenüber 1,4 µm bei Profil 1 und zu einer starken Verringerung der Raumladungszone auf ca. 1/8 der ursprünglichen Weite. Ebenso sollte hier ein elektrisches Feld entstehen, das die im Substrat generierten Minoritätsträger vom pn-Übergang fernhält. Daher sollte die Fotodiode eine geringere Empfindlichkeit für Strahlung mit einer Absorptionslänge von mehr als 0,2 µm, also für Wellenlängen von mehr als 400 nm aufweisen.

Profil 3:

Borimplantation mit einem Profil, dessen Maximum auf der Grenzfläche zum Oxid liegt. Die Implantation erfolgte mit 20 keV und einer Dosis von $1 \cdot 10^{13} cm^{-2}$ in ein <100>, 4Ωcm-Substrat durch ein Oxid von 700Å hindurch.

Profil 4:

Implantation wie Profil 3, jedoch mit einer geringeren Dosis von $6 \cdot 10^{12} cm^{-2}$ und einer Bor-Anschlußimplantation mit einer höheren Energie von 60 keV und einer Dosis von $2 \cdot 10^{11} cm^{-2}$. Diese Implantation führt zu einer größeren Tiefe des pn-Übergangs von 0,24µm und einer fast linearen Charakteristik. Dadurch erhält

man eine geringfügig breitere Raumladungszone. Dies
sollte zu einer erhöhten Empfindlichkeit für Strahlung
mit einer Wellenlänge von mehr als 450 nm führen.

Die gemessenen Werte für die spektrale Empfindlichkeit der so
implantierten Dioden sind in Abb. 14 dargestellt. Der Vergleich
der Kurven von Profil 1 mit der von Profil 2 entspricht mit
einer geringeren Empfindlichkeit von Profil 2 im Wellenlängenbereich von 400 bis 700 nm den Erwartungen.

Der Vergleich von Profil 3 mit Profil 4 zeigt keine
signifikanten Unterschiede . Die erhöhte Empfindlichkeit der
Profile 3 und 4 im Bereich der Wellenlänge kleiner als 550 nm
ist vollständig auf das dünnere Oxid von 700Å zurückzuführen.
Die geringere Empfindlichkeit im Wellenlängenbereich größer als
550 nm wird durch das dünnere Oxid und das höherdotierte
Substratmatrial verursacht.

Die Ergebnisse dieser Messungen gestatten die Folgerungen, daß
die spektrale Empfindlichkeit bei sehr flachen implantierten
pn-Übergängen nur durch die Dicke des Oxids und die Qualität
des verwendeten Substratmaterials wesentlich beeinflußt wird,
solange es keine blockierenden elektrischen Felder durch
Dotierungsinhomogenitäten gibt.

Beim Vergleich der spektralen Empfindlichkeit der in n-Kanal-
und CMOS-Technologie hergestellten Fotodioden mit Phosphorimplantation die mit ihrer unterschiedlichen Dosis von
$6,5 \cdot 10^{11} cm^{-2}$ bis $1,3 \cdot 10^{13} cm^{-2}$ und Energie von 55 keV bis
100 keV, Profilsimulationen siehe Abb 12, den gesamten Bereich
vorgenommener Depletionimplantationen überdecken, ergaben sich
keine wesentlichen Unterschiede in der spektralen Empfindlichkeit.

Unterschiede der Sperrstromstatistik der verschiedenen
implantierten Profile konnten nicht festgestellt werden.

5.3 Einfluß von Gettertechniken

Zum Erreichen höherer Minoritätsträgerlebensdauern bzw.
größerer Diffusionslängen der durch die Photonen im Substrat
generierten Minoritätsladungsträger, die durch Diffusion in die
Raumladungszone gelangen und die zu einer erhöhten Rot- und
Infrarotempfindlichkeit der Fotodioden führen, wurden Getter-
techniken zur Reduktion der Fremdatome /12-14/ untersucht.
Weiterhin wurde die Gateoxidbildung unter Beifügung von HCl zur
Reduzierung von Stapelfehlern und Surface-States /15/ getestet.
Diese Prozeßschritte sollten auch eine Reduktion des
Sperrstroms bewirken.

Ausgehend vom p-Kanal Prozeß nach Abs. 3.2.1 wurden folgende
Getterschritte angewandt:

Prozeß 1:
 Phosphordiffusion mit $POCl_3$-Quelle auf der Rückseite
 nach dem Aufwachsen des ersten Maskieroxids. Die
 nachfolgenden Prozeßschritte ergaben für diesen
 Getterprozeß eine Nachdiffusionszeit von 30´ bei
 1060°C und 355´ bei 960°C.

Prozeß 2:
 Phosphordiffusion auf der Rückseite nach dem
 Aufwachsen des ersten Maskieroxids wie Prozeß 1
 direkt gefolgt von einer zusätzlichen Nachdiffusion
 von 20´ bei 1200°C.

Prozeß 3:

Phosphordiffusion auf der Rückseite, wie Prozeß 1 jedoch Gateoxidation bei 1100°C, 20´ mit 3% HCl.

Prozeß 4:

Argonimplantation mit 300 keV und einer Dosis von $1 \cdot 10^{16} cm^{-2}$ in die Rückseite des Substrats. Die nachfolgenden Prozeßschritte ergaben bei dieser Getterung eine Nachdiffusionszeit von 30´ bei 1060°C und 355´ bei 960°C. Der Rückseitenkontakt wurde durch eine Phosphorimplantation mit $1 \cdot 10^{15} cm^2$, 80 keV gefolgt nur von einer Temperung von 30´ bei 500°C gebildet.

Prozeß 5:

Argonimplantation wie bei Prozeß 4, jedoch zusätzliche Nachdiffusion von 80´ bei 1200°C direkt nach der Implantation.

Prozeß 6:

Vergleichsproben mit Phosphorimplantation von 80 keV und einer Dosis von $1 \cdot 10^{15} cm^2$ auf die Rückseite, ausgeführt nach dem Prozeßdurchlauf gefolgt nur von einer 30´ Temperung bei 500°C.

Die für die gegetterten Scheiben und die Vergleichsproben an der Oberfläche des Substrats für Tiefen von 1-2 µm nach der Zerbst-Methode ermittelten Generationslebensdauern sind in Abb. 15 dargestellt. In dieser Zeichnung sind die an verschiedenen Stellen des Wafers ermittelten Meßwerte durch Kreise gekennzeichnet und Mittelwert und Standardabweichung durch ein Kreuz mit einem Fehlerbalken. Die Proben mit Phosphordiffusion nach Prozeß 1 und 2 weisen dabei eine deutlich höhere Generationslebensdauer auf und zeigen somit die beste

Getterwirkung. Die Argon-Implantation Prozeß 4 und 5 sowie die
nach Prozeß 3 hergestellte Probe mit einem unter HCl-Beifügung
aufgewachsenen Gateoxid zeigen gegenüber der Vergleichsprobe
keinen wesentlichen Effekt. Die Proben mit höheren Temperaturen
bei der Nachdiffusion haben geringere mittlere Generationslebensdauern und eine weitaus größere Standardabweichung der
Meßergebnisse.

Die spektrale Empfindlichkeit (Abb. 16) aller gegetterten
Fotodioden ist im Bereich der Wellenlängen größer als 500 nm
deutlich höher als die der Vergleichsproben nach Prozeß 6. Die
Steigerung der Empfindlichkeit ist dabei im Rahmen der
Meßgenauigkeit für alle gegebenen Prozesse gleich groß. Dies
gilt auch für die unter Beifügung von HCl oxidierten Fotodioden
nach Prozeß 3, bei denen eine geringere Oxiddicke zu einem
unterschiedlichen Empfindlichkeitsverlauf führt.

Die aus den mit Zwei-Parametermodellen nach Abs. 4.3
vorgenommenen Anpassungen an die gemessenen Empfindlichkeits-
kurven ergeben bei Diffusionslängen von 4-5 µm eine gute
Übereinstimmung mit den Meßergebnissen der Vergleichsproben.
Für die Anpassung der Empfindlichkeitskurven der gegetterten
Dioden mußten Diffusionslängen von 8-9 µm verwendet werden.

Die aus diesen Werten errechneten Rekombinationslebensdauern
von 10-80 ns werden in der Größenordnung durch die Charge-
-Pumping-Messungen bestätigt (Abb. 17).

Die Sperrstromstatistiken der Fotodioden sind in Abb. 18
wiedergegeben. Geringere Sperrströme konnten für die
gegetterten Scheiben nicht ermittelt werden. Die gegetterten
Dioden neigen hingegen eher zu Durchbrüchen im Sperrspannungs-
bereich von 6-10V.

5.4 Layouteinfluß

Zur Ermittlung der Auswirkungen der veränderten Randstruktur wurden Messungen an in n-Kanal Technologie hergestellten Foto- und Testdioden durchgeführt. Die Abb. 19 zeigt den Einfluß der Randstruktur auf die Durchbruchspannung gemessen bei einem Strom von 100 µA.

Die Fotodiode und die rechteckige Testdiode mit der neuen Randstruktur (Diode c) weisen Durchbruchspannungen von 130-150V auf, die der gerechneten Deep-Depletion-Durchbruchspannung einer MOS-Kapazität /16/ entspricht. Die quadratischen (Diode a) und die rechteckigen Testdioden (Diode b) ohne überlappende Metallisierung haben Durchbruchspannungen von 40-60V.

Die Steuerungsmöglichkeit der Durchbruchspannung durch die an den Rand der Testdiode a angelegten Spannung ist in Abb. 20 dargestellt. Diese Testdiode gestattet es auch, den Leckstrom (Abb.21) als Funktion der Randspannung zu bestimmen. Die gemessene Leckstromerhöhung durch Generation in der Depletionzone unter der Metallüberlappung ist jedoch bei großen Strukturen geringer, da hier das Verhältnis zwischen Diodenfläche und Randfläche günstiger wird.

6. Vergleich der Fotodioden in p-Kanal, n-Kanal und CMOS-Technologie

Zum Vergleich der in n-Kanal, p-Kanal und CMOS-Technologie hergestellten Fotodioden wurden einheitlich durch $POCl_3$-Diffusion gegetterte Dioden herangezogen, da dieser Getterprozeß auf der Rückseite in n-Kanal und CMOS-Technologie ohne zusätzlichen Aufwand mit der Phosphorbelegung ausgeführt wird. Die Prozeßfolge und das Layout entsprach der Beschreibung in Kapitel 2. Für die Implantationen, deren Implantationsparameter nach Kapitel 5.2 unkritisch sind, wurden die Standard-Depletion Implantationen verwendet.

6.1 Spektrale Empfindlichkeit

Ein Vergleich der spektralen Empfindlichkeit der Fotodioden aus unterschiedlichen Technologien zeigt eine deutlich höhere Empfindlichkeit der n-Kanal und CMOS-prozeßkompatiblen Dioden im Bereich der langwelligen, sichtbaren und infraroten Strahlung. Diese ist auf die höhere Diffusionskonstante der Elektronen als Minoritätsträger zurückzuführen. Die geringere Empfindlichkeit der CMOS-kompatiblen Dioden wird durch die langen Wannendiffusionen bei 1200°C verursacht. Die höhere Empfindlichkeit im Bereich der UV-A und UV-B Strahlung ist weitgehend auf das dünnere Gateoxid von 650Å gegenüber 850Å bei den p-Kanal kompatiblen Dioden zurückzuführen. Die mit 700Å-SiO_2 Antireflexionsschicht bezeichnete Kurve kennzeichnet die bei prozeßkompatiblen Fotodioden maximal erreichbare Empfindlichkeit unter der Annahme vollständigen Quantennachweises.

Die Empfindlichkeit bei 900 nm läßt sich durch Ausweiten der Raumladungszone durch Anlegen einer Sperrspannung von 10V auf ca. 38% Quantenausbeute bei der CMOS-kompatiblen und auf ca. 27% Quantenausbeute bei der p-Kanal kompatiblen Diode erhöhen.

Die gemessene Empfindlichkeit entspricht einem Wert von einheitlich 60-80% der bei der Simulation mit dem gemessenen Gateoxid und einer Diffusionslänge von 8-9 µm bei den p-Kanal kompatiblen und 20-30µm bei den n-Kanal- und CMOS-kompatiblen Dioden erhaltenen Werte. Die Gleichmäßigkeit der Fotodiodenempfindlichkeit war sehr gut: Die Standardabweichung der Empfindlichkeit aller Fotodioden einer Scheibe, gemessen mit

Glühlampenlicht von 2300 K, also mit hohem Anteil roter Strahlung, liegt bei ±7% der gemessenen Empfindlichkeit. Die für eine Charge ermittelte Standardabweichung der gemittelten Empfindlichkeiten aller Dioden einer Scheibe betrug ±4%.

6.2 Sperrströme

Die Sperrstromstatistiken der Fotodioden der drei Technologien sind zusammen mit einer typischen bei 25°C gemessenen Sperrkennlinie in den Abb. 23-25 wiedergegeben. Dabei sind die verschiedenen Diodenflächen (die p-Kanal kompatiblen Dioden haben annähernd die doppelte Fläche) zu berücksichtigen. Die Sperrströme einer ausreichenden Ausbeute von Dioden sind bei Spannungen von 1 V vergleichsweise gering. Die p-Kanal und CMOS-kompatiblen Dioden neigen jedoch bei Spannungen von 10 V zu Durchbrüchen.

Die gemessenen Sperrströme gestatten ohne Dunkelstromkompensation den Nachweis von unmodulierter Strahlung von 0,15 $\mu W/cm^2$ bei Verwendung der Fotodioden in einer Halbbrückenschaltung und von 1 nW/cm^2 im Fotoelementbetrieb mit einem Strom-Spannungswandler. Der aus den Sperrkennlinien ermittelte Widerstand des pn-Übergangs ist größer als 1 GΩ für Sperrspannungen von 0-5 V. Aus diesen Werten läßt sich eine NEP von $0,1-2 \cdot 10^{-13}$ W/ HZ errechnen.

Der streng logarithmische Zusammenhang von Kurzschlußfotostrom und im Fotoelementbetrieb erzeugter Leerlaufspannung nach der Formel

$$U_{ph} = u_T \cdot \ln(I_{ph}/I_S)$$

mit I_S = Sättigungsstrom
I_{ph} = Fotostrom
U_T = Thermospannung
U_{pn} = Fotospannung

konnte bis hinab zu $I_{ph} \leq 10pA$ festgestellt werden.

6.3 Schaltzeiten

Die Schaltzeiten der Fotodioden (Abb. 26-28), gemessen mit Lichtblitzen aus einer schnellen gelben GaAs-Leuchtdiode werden bis hinab zur Schaltzeit der Leuchtdiode nur durch das aus der Reihenschaltung von Bahnwiderstand und Lastwiderstand und der Diodenkapazität gebildete RC-Glied bestimmt. Mit kleinen Lastwiderständen von 50Ω wurden Schaltzeiten von weniger als 100ns ermittelt und Pulse von 800ns Dauer einwandfrei übertragen.

7. Literaturverzeichnis

/1/ J. Schneider, G. Zimmer, and B. Höfflinger: A Compatible NMOS-CMOS Metal-Gate Process, IEEE, T-ED, vol. ED-25, no. 7, pp. 832-836, 1978.

/2/ D. Cioaca: Optimierung einer MOS N-Kanal Enhancement /Depletion-Technologie mit Ionenimplantation, Dissertation, Dortmund 1977.

/3/ J. Schneider: Eine kombinierte CMOS/Bipolar-Technologie unter wesentlicher Nutzung der Ionenimplantation, Dissertation, Dortmund 1978.

/4/ G. Zimmer, B. Höfflinger and J. Schneider: A Fully Implanted NMOS, CMOS, Bipolar Technology for VLSI of Analog-Digital Systems, Joint Issue of VLSI of IEEE T-ED and J-SC, April 1979.

/5/ M. Zerbst: Relaxationseffekte an Halbleiter-Isolator--Grenzflächen, Z. angew. Phys., 22, S. 30-33, 1966.

/6/ F.P. Heiman: On the Determination of Minority Carrier Lifetime from the Transient Response of an MOS Capacitor, IEEE, T-ED vol. ED-14, pp. 781-784, 1967.

/7/ W.R. Fahrner, C.P. Schneider: A New Fast Technique for Large- Large-Scale Measurements of Generation Lifetime in Semiconductors, J. Electrochem. Soc., 123, pp. 100-105, 1976.

/8/ E. Soutschek, W. Müller, G. Dorda: Determination of recombination lifetime in MOSFET´s, Appl.. Phys. Lett., 36, pp. 437-438, 1980.

/9/ J. Auth, D. Genzow, K.H. Herrmann: Photoelektrische Erscheinungen, Vieweg, Braunschweig, 1977.

/10/ American Institute of Physics Handbook, Third Edition, McGraw-Hill, 1972.

/11/ H.A. Macleod: Thin-Film Optical Filters, A. Hilger. LTD., London, 1969.

/12/ T.E. Seidel: A Description of Gettering Processes, Meeeting of the Electrotechnical Society, Washington, May 1976.

/13/ S.Prussin: Role of sequential annealing, oxidation, and diffusion upon defect generation in ion-implanted silicon surfaces, Journ. of Appl. Phys., vol. 45, p. 1635, 1974.

/14/ T.E. Seidel, R.L. Meek, A.G. Cullis: Direct comparsion on ion-damage gettering and phosphorus-diffusion gettering of Au in Si, Journ. of Appl. Phys., vol. 46, p. 600, 1975.

/15/ M. Shiraki: Elimination of Stacking Faults in Silicon Wafers by HCl Added Dry O_2 Oxidation, Jap. Jour. of Appl. Phys., vol. 14, p. 747, 1975.

/16/ A.Rusu, C. Bulucea: Deep-Depletion Breakdown Voltage of Silicon-Dioxide/Silicon MOS Capacitors, IEEE, T-ED, <u>26</u>, p. 201, 1979.

8. Bildanhang

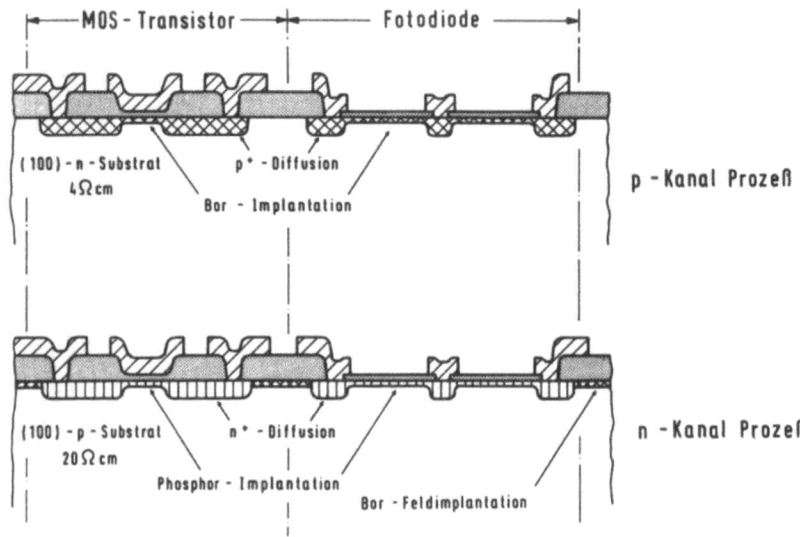

Abb. 1 Querschnitt der Fotodioden kompatibel zum p-Kanal- oder n-Kanal- und CMOS-Prozeß im Vergleich mit den zugehörigen Transistoren

Abb. 2 Chipfoto einer Fotodiode mit dem im p-Kanal-Prozeß verwendeten Layout

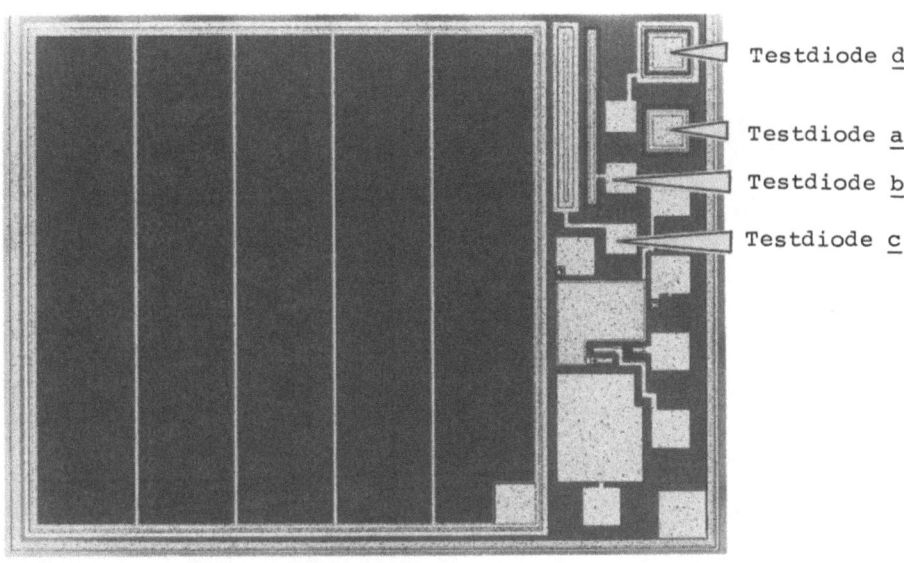

Abb. 3 Chipfoto einer Fotodiode und der gekennzeichneten
Testdioden a - d (siehe Text) mit dem im n-Kanal-
und CMOS-Prozeß verwendeten Layout

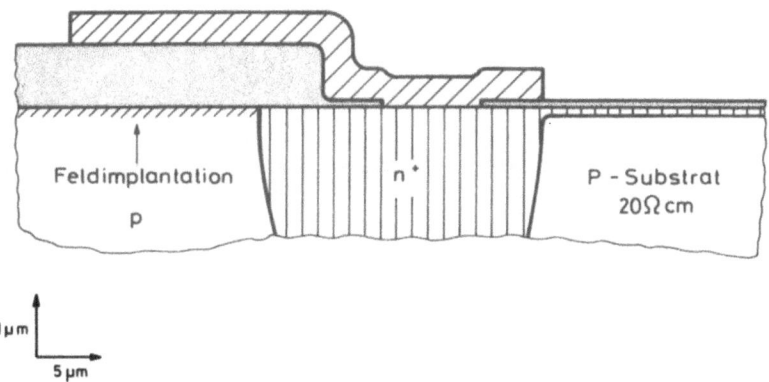

Abb. 4 Detailzeichnung der im n-Kanal und CMOS-Prozeß
verwendeten optimierten Randstruktur

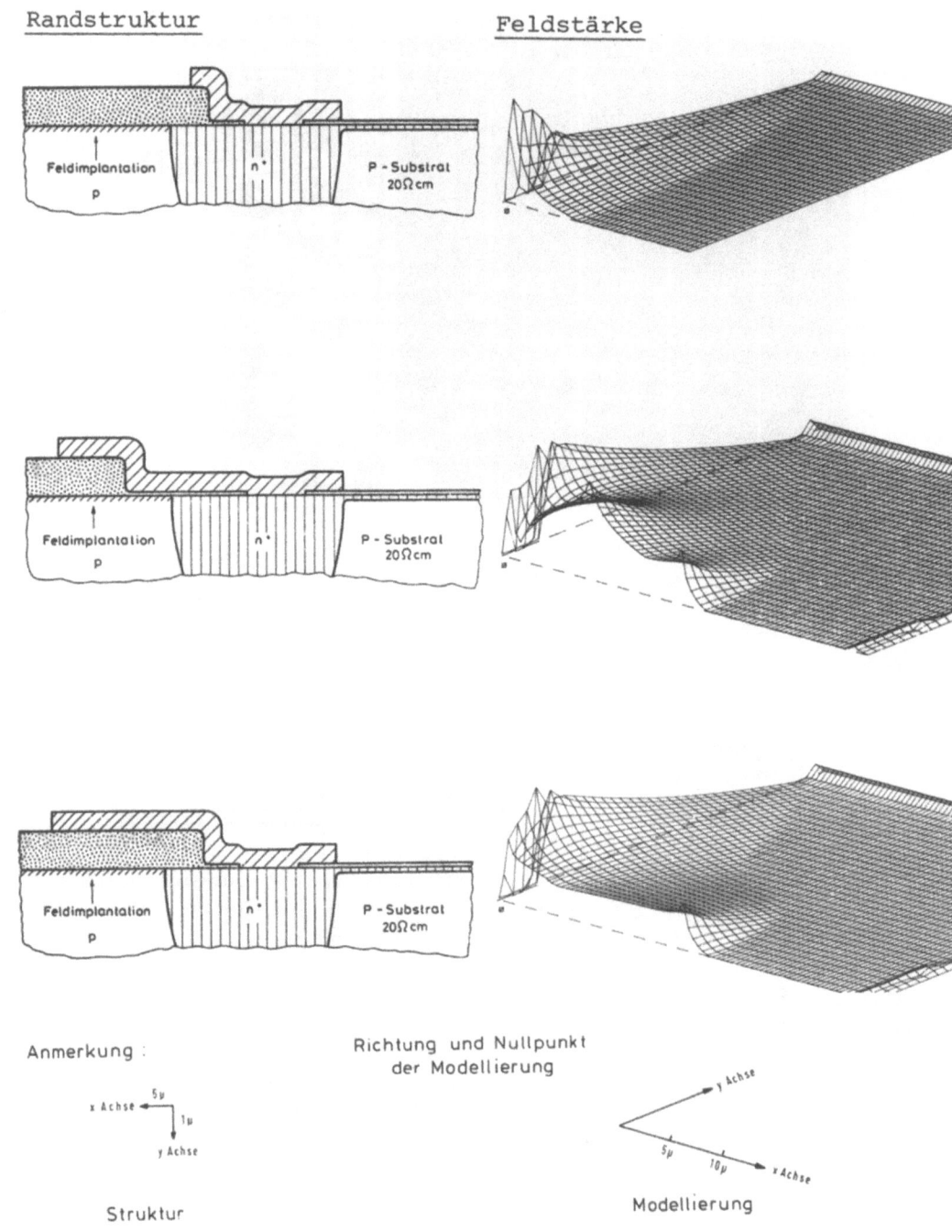

Abb. 5 Feldstärkeverlauf am Rand der Fotodioden bei unterschiedlichen Randgestaltungen, ermittelt durch zweidimensionale Modellrechnung

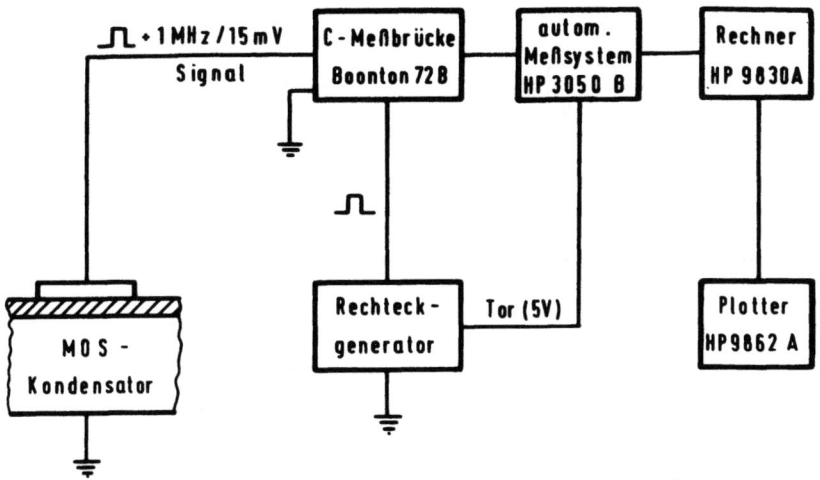

Abb. 6   Blockschaltbild des Meßaufbaus für die C(t) Messung

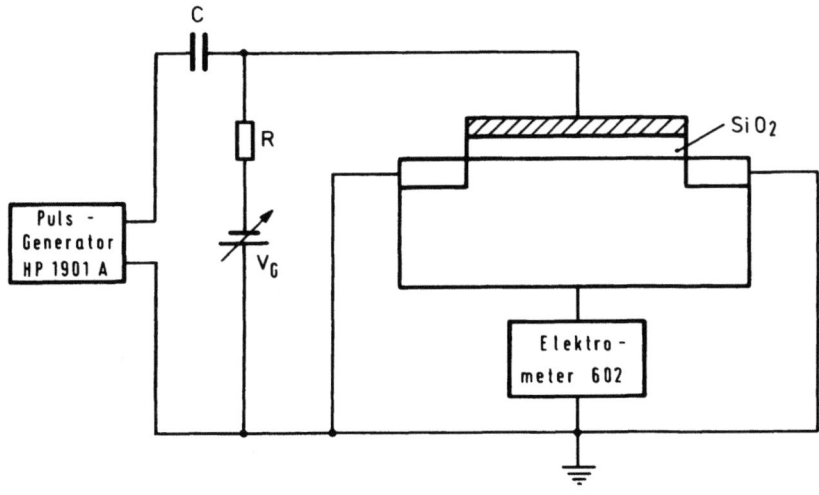

Abb. 7   Blockschaltbild des Meßaufbaus für die Messung der Rekombinationslebensdauer durch Charge-Pumping

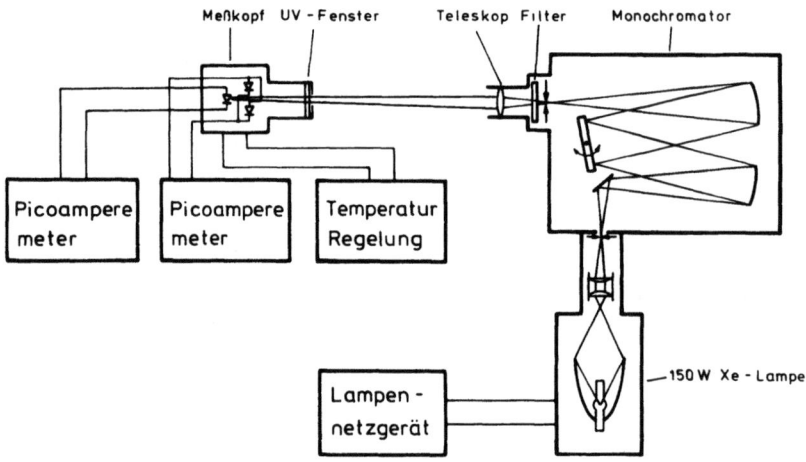

Abb. 8 Blockschaltbild des Meßaufbaus für die Ermittlung der spektralen Empfindlichkeit

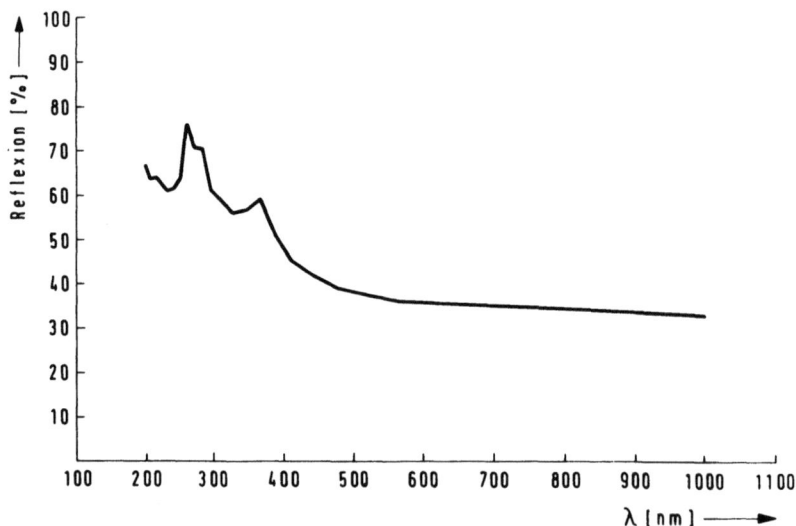

Abb. 9 Berechnete Reflexion reiner Siliziumoberflächen als Funktion der Lichtwellenlänge

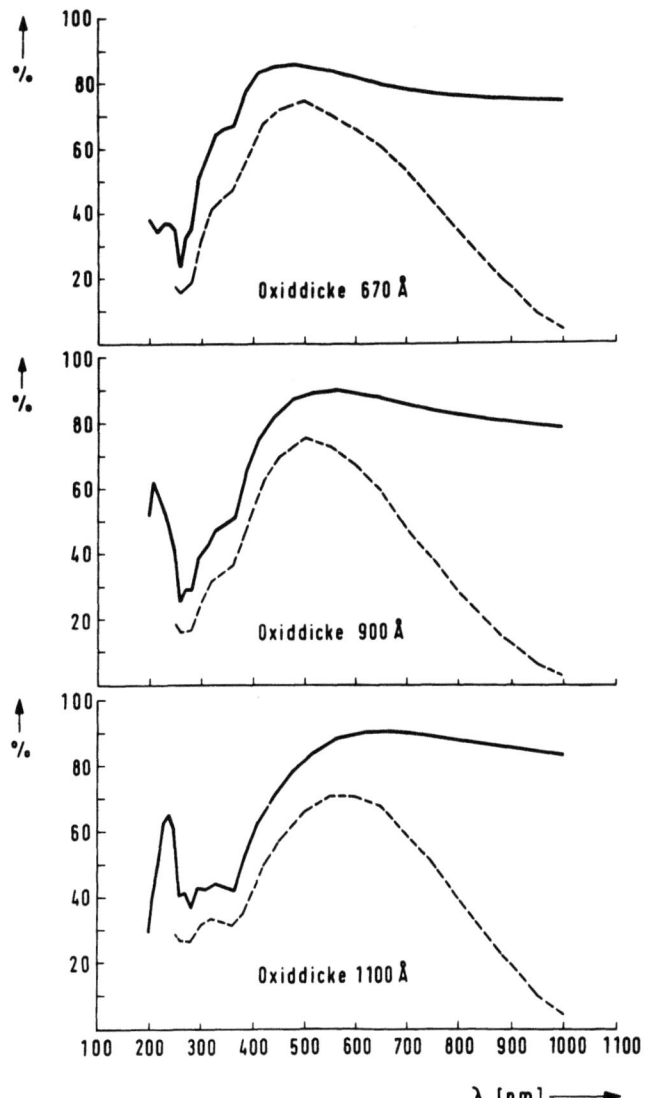

Abb. 10 Berechneter nichtreflektierter Strahlungsanteil (durchgezogene Linie) und gemessene Quantenausbeute (gestrichelte Linie) als Funktion der Wellenlänge für Fotodioden mit unterschiedlichen gemessenen Oxiddicken

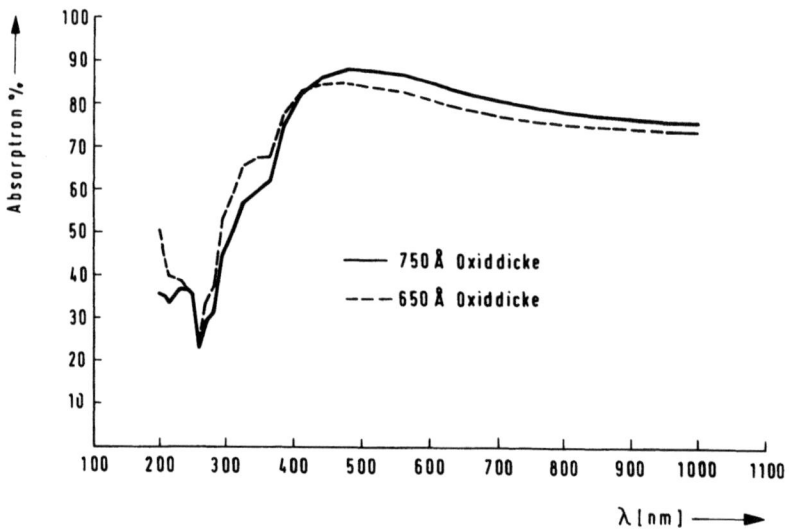

Abb. 11 Einfluß von Oxiddickenstreuungen von 50 Å auf die Wirkung der Antirefexionsschicht (berechnet)

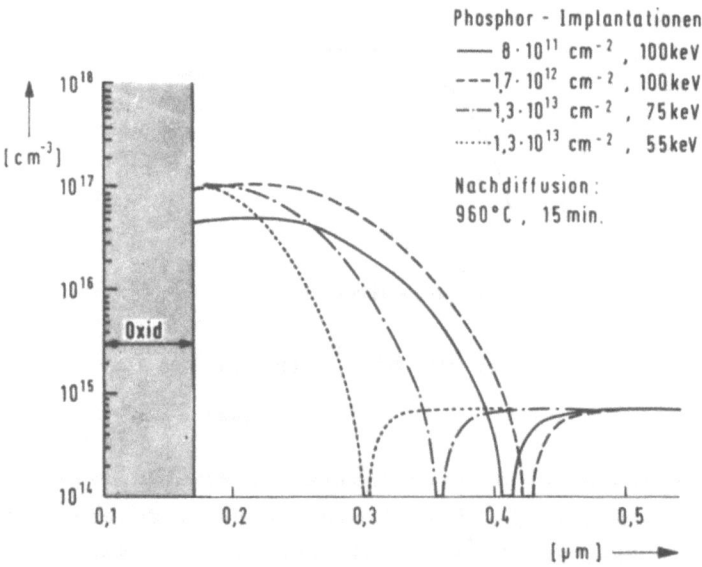

Abb. 12 Profile der untersuchten Depletion-Implantationen im n-Kanal-Prozeß

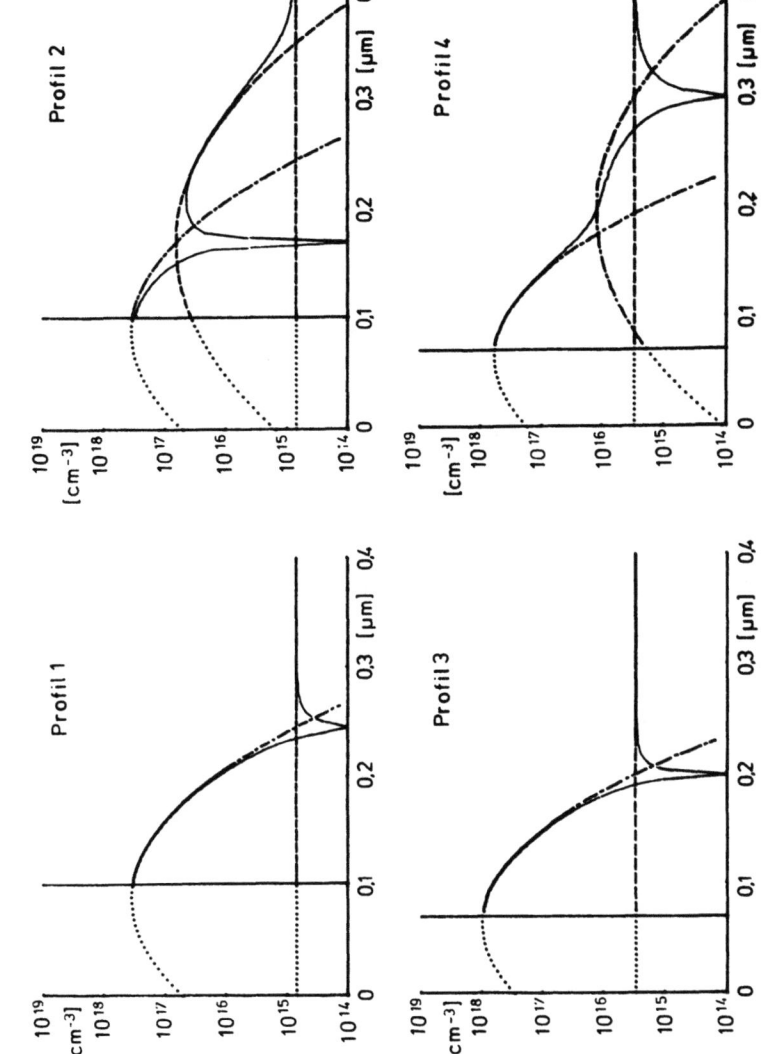

Abb. 13 Dotierungsverlauf der untersuchten implantierten Profile

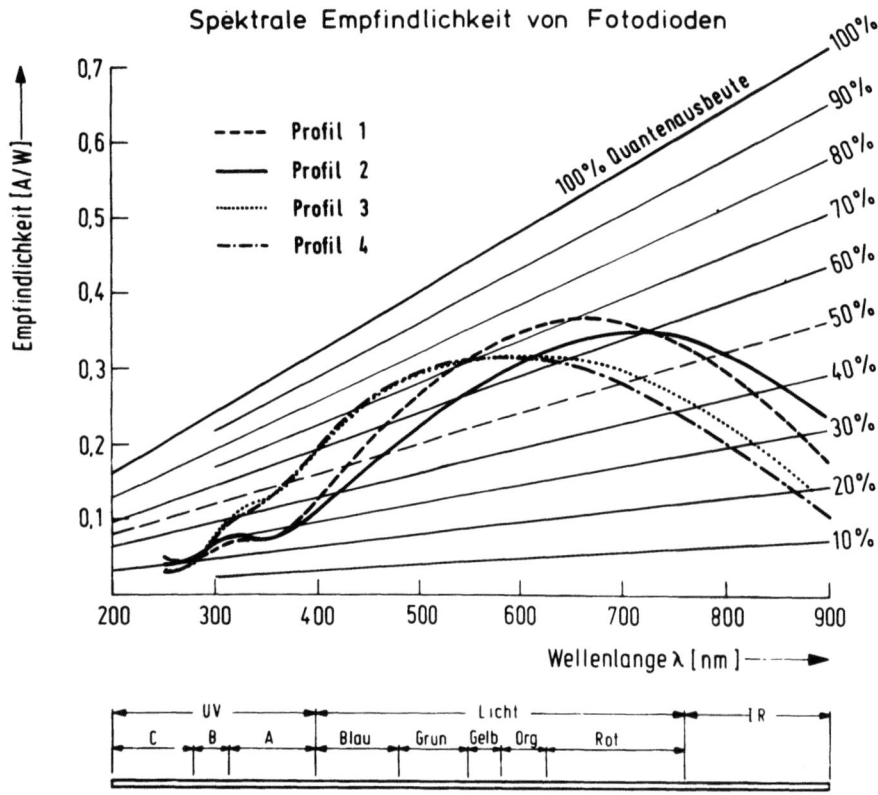

Abb. 14 Spektrale Empfindlichkeit für unterschiedliche Dotierungsverläufe

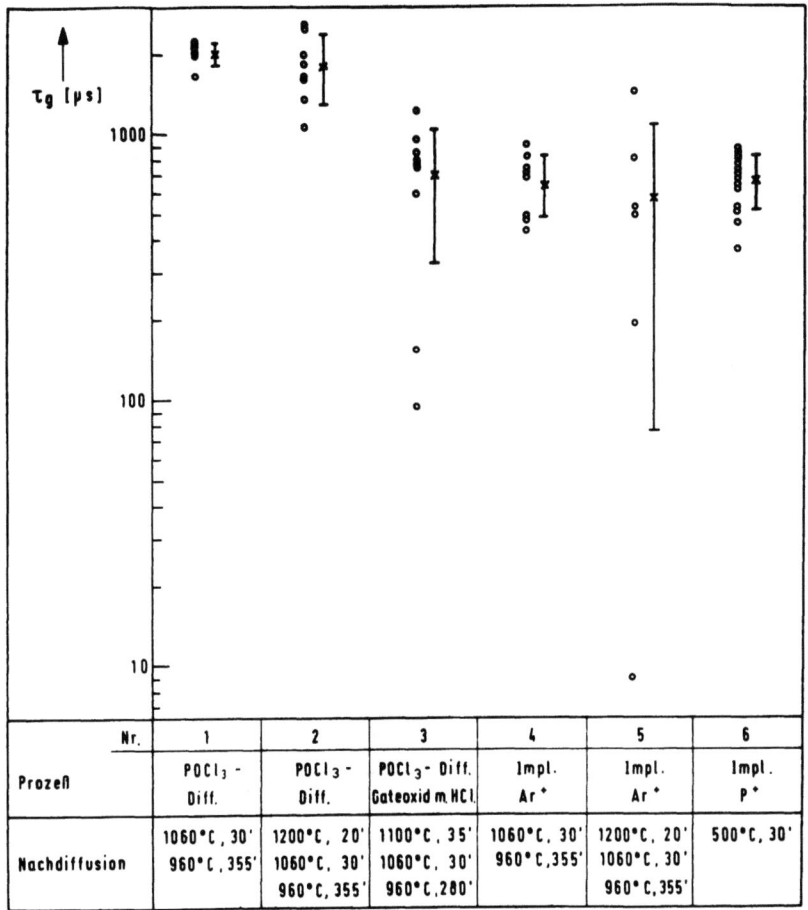

Abb. 15 Nach der Zerbst-Methode gemessene Generationslebensdauern an verschiedenen Punkten eines Wafer für unterschiedliche untersuchte Getterprozesse. Die Kreise markieren die Meßwerte, die Balken geben Mittelwert und Standardabweichung an.

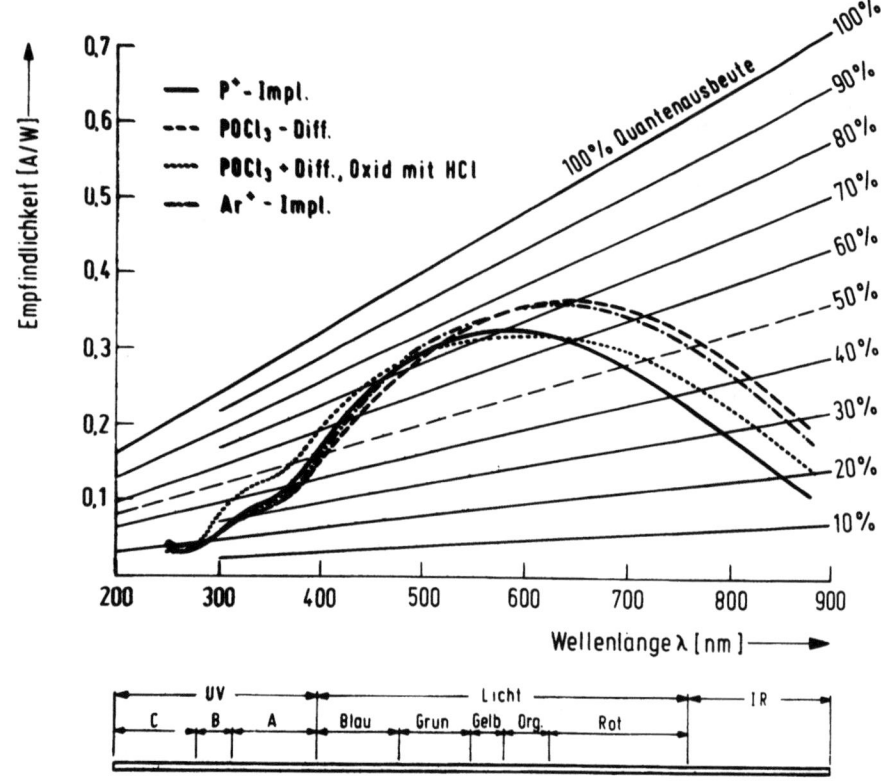

Abb. 16 Spektrale Empfindlichkeit von Fotodioden mit verschiedenen Getterprozessen

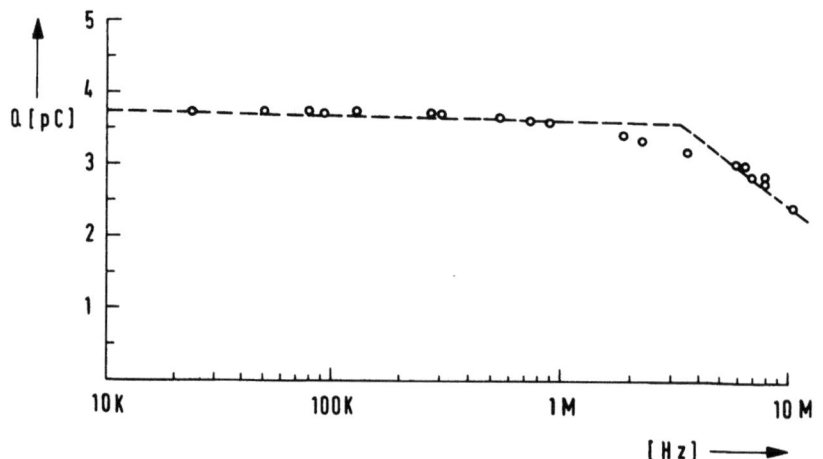

Abb. 17 Charge-Pumping-Messung an einem p-Kanal-Transistor. Die aus dem Diagramm ermittelte Rekombinationslebensdauer ist 90 ns

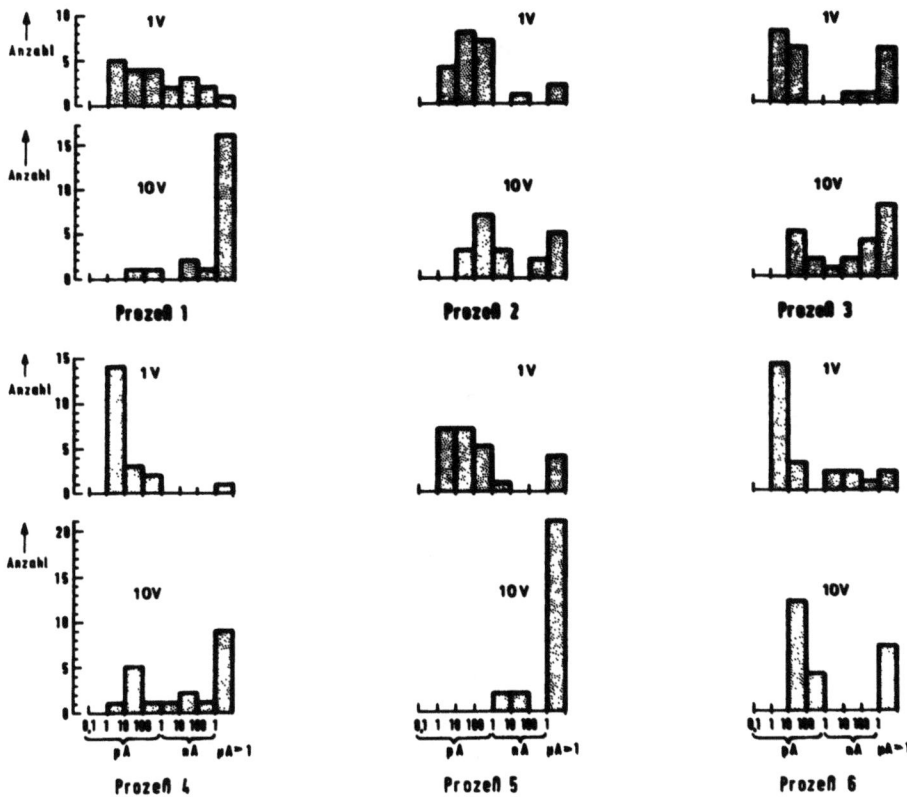

Abb. 18 Sperrstromstatistik der Fotodioden mit unterschiedlichen Getterprozessen für Sperrspannungen von 1 V und 10 V

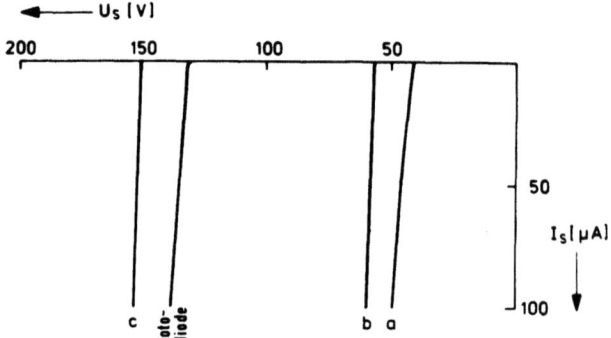

Abb. 19 Einfluß der veränderten Randstruktur auf die Durchbruchspannung der Dioden

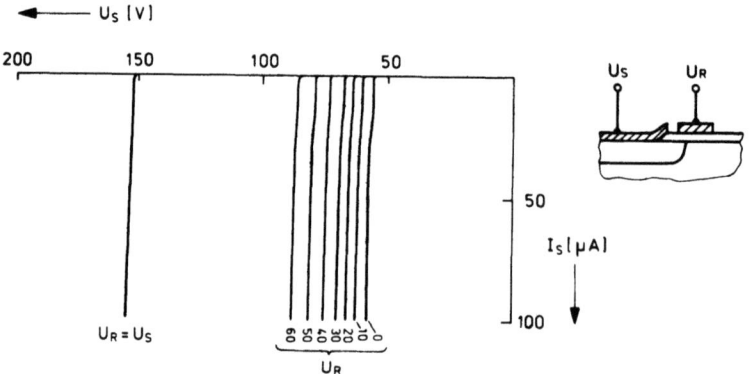

Abb. 20 Durchbruchspannung der Diode d als Funktion der an den Rand angelegten Spannung

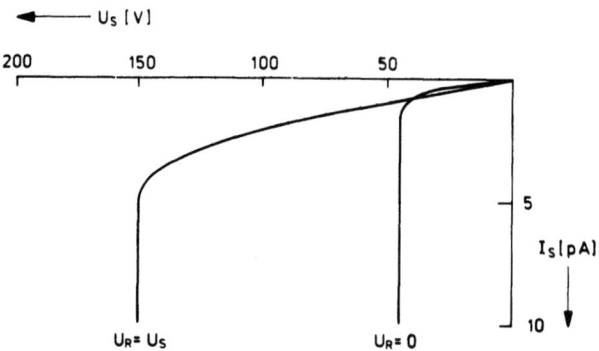

Abb. 21 Sperrstrom der Diode d als Funktion der an den Rand angelegten Spannung

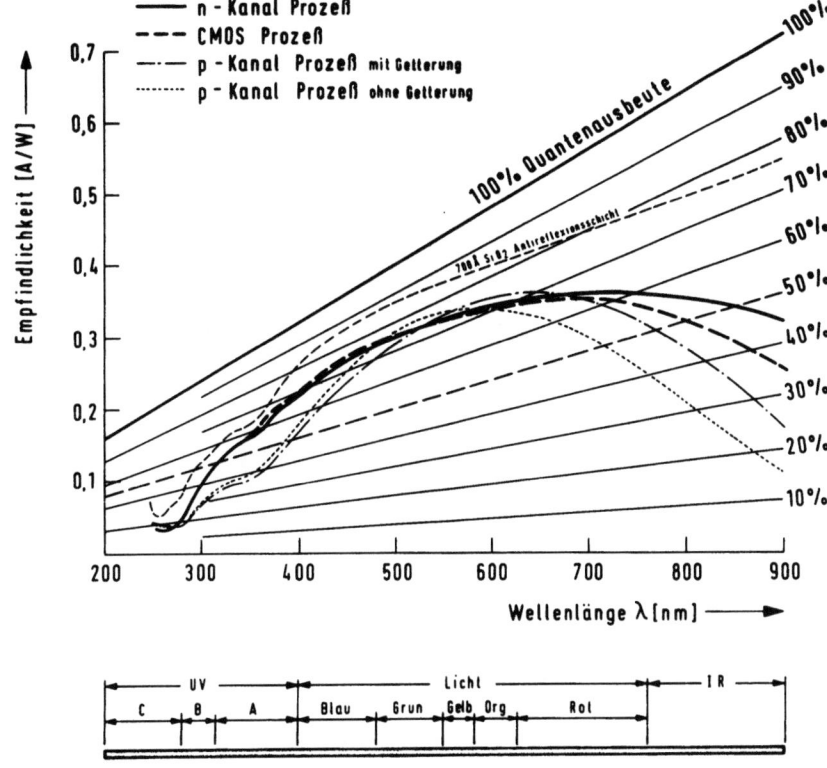

Abb. 22 Vergleich der spektralen Empfindlichkeit von Fotodioden verschiedener MOS-Prozesse

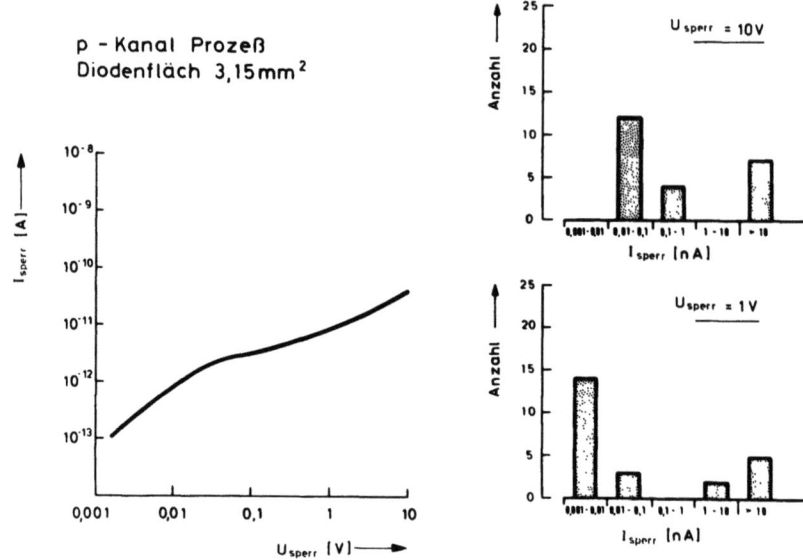

Abb. 23   Sperrstromstatistik und typische Sperrkennlinie in p-Kanal-Technologie hergestellter Fotodioden

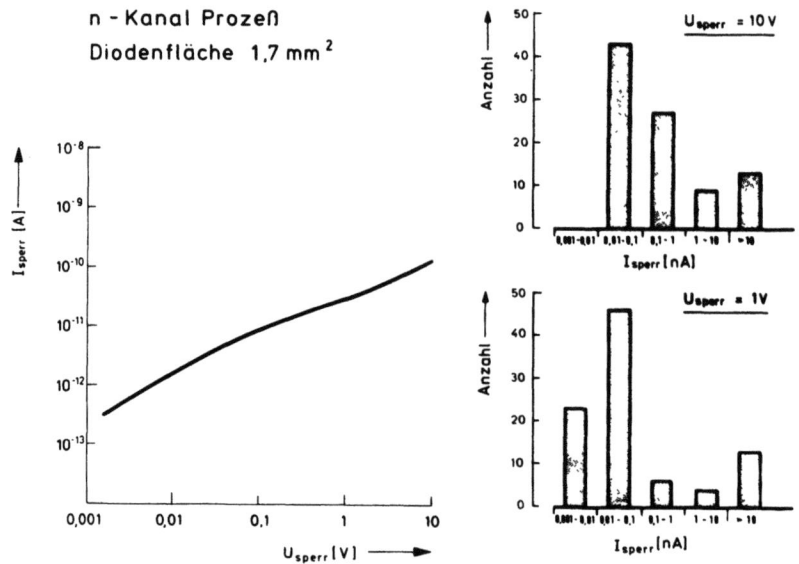

Abb. 24   Sperrstromstatistik und typische Sperrkennlinie in n-Kanal-Technologie hergestellter Fotodioden

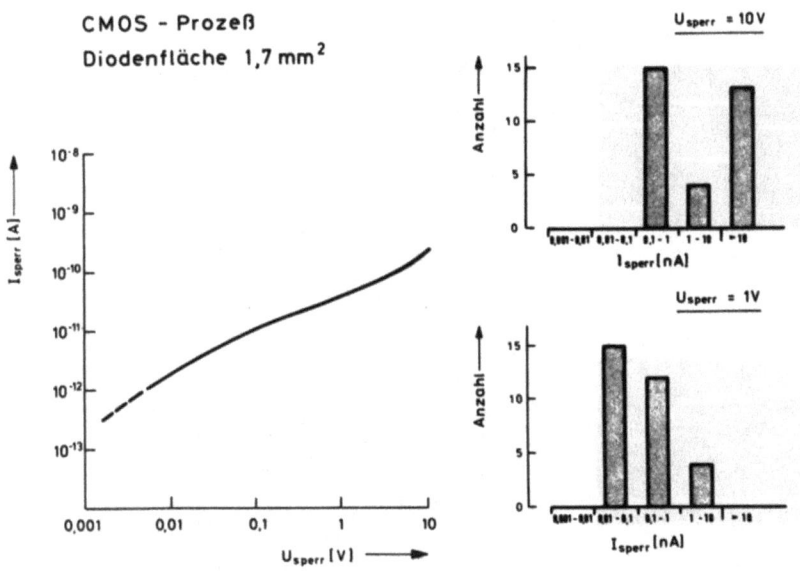

Abb. 25 Sperrstromstatistik und typische Sperrkennlinie in CMOS-Technologie hergestellter Fotodioden

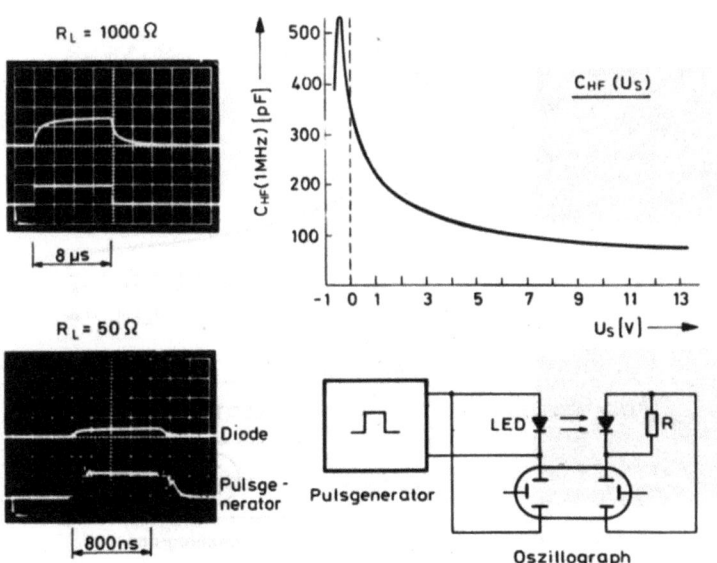

Abb. 26 Schaltzeiten der p-Kanal-prozeßkompatiblen Fotodioden bei 50 und 1000 Ω und Diodenkapazität als Funktion der Sperrspannung

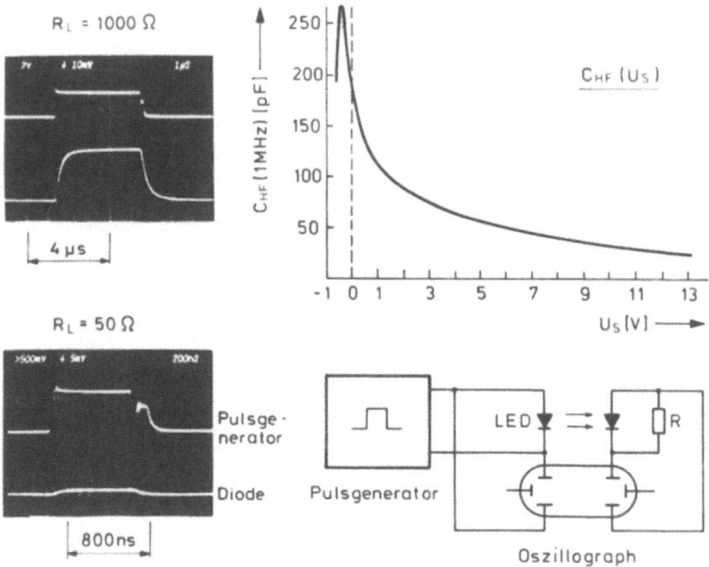

Abb. 27 Schaltzeiten der n-Kanal-prozeßkompatiblen Fotodioden bei 50 und 1000 Ω und Diodenkapazität als Funktion der Sperrspannung

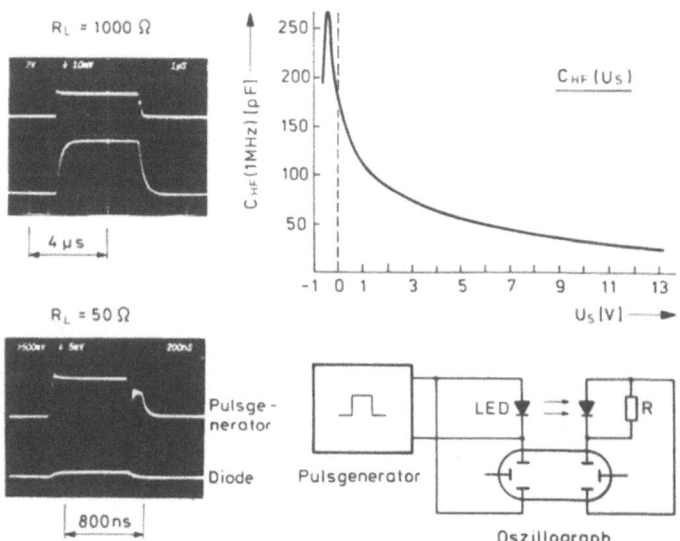

Abb. 28 Schaltzeiten der CMOS-prozeßkompatiblen Fotodioden bei 50 und 1000 Ω und Diodenkapazität als Funktion der Sperrspannung

If you have any concerns about our products,
you can contact us on
ProductSafety@springernature.com

In case Publisher is established outside the EU,
the EU authorized representative is:
**Springer Nature Customer Service Center GmbH
Europaplatz 3, 69115 Heidelberg, Germany**

Printed by Libri Plureos GmbH
in Hamburg, Germany